治愈系黏土手作

circle 著

迷你食物

华中科技大学出版社
http://www.hustp.com
中国 · 武汉

内容简介

本书从黏土制作所需的工具、材料、配件，以及作品的调色和塑形入手，手把手地教会读者怎样从黏土"小白"变身为黏土达人。本书以迷你食物为主题，内容包括面包、甜点、料理三大类，在教会读者制作迷你食物基底的同时，还介绍了配料的制作技巧，让读者在制作黏土作品时可以举一反三，将不同的配料运用在不同的基底上，制作带有自己风格的、独一无二的迷你食物。另外，还介绍了如何将完成后的迷你食物黏土作品制作成耳环、戒指、胸针、挂饰等装饰物品的技巧，以及相框、留言夹等摆件，让迷你食物黏土作品成为装点生活、装饰自己的风格小物。

图书在版编目（CIP）数据

治愈系黏土手作 : 迷你食物 / circle 著 . — 武汉 : 华中科技大学出版社，2021.5

ISBN 978-7-5680-6979-3

Ⅰ . ①治… Ⅱ . ① c… Ⅲ . ①粘土 – 手工艺品 – 制作 Ⅳ . ① TS973.5

中国版本图书馆 CIP 数据核字 (2021) 第 037073 号

治愈系黏土手作：迷你食物　　　　　　　　　　　　　　　　　　circle 著
Zhiyuxi Niantu Shouzuo:Mini Shiwu

责任编辑：简晓思

装帧设计：金　金

责任监印：朱　玢

出版发行：华中科技大学出版社（中国·武汉）　　电话：（027）81321913
　　　　　武汉市东湖新技术开发区华工科技园　　邮编：430223

印　　刷：武汉市金港彩印有限公司

排　　版：天津清格印象文化传播有限公司

开　　本：710mm×1000mm　1/16

印　　张：9.5

字　　数：91 千字

版　　次：2021 年 5 月第 1 版第 1 次印刷

定　　价：59.80 元

我从小喜欢画画、剪纸、泥塑等与色彩、创作有关的事物，而且对迷你的东西特别着迷。黏土是一种可塑性很强的创作材料，调配颜色、捏制造型能满足我把事物缩小成迷你版的愿望。我特别享受把迷你食物作品放到娃娃屋里面，组合成一个个美食小场景，比如可口的早餐、诱人的甜点、精致的晚宴、丰富的节日大餐，等等，而我就是娃娃屋的小主人。

制作迷你食物的过程奇妙而治愈，其与烹饪真实食物的过程有很多相似之处。比如做小面包的时候，搓黏土团就像搓面粉团，给小面包切刀痕这些细节处理，也参考了很多制作真实面包的书籍或短片。这一过程既能让人满足当一次厨师的愿望，又能让人感受到手作的温暖和乐趣。将每一件亲手制作的小作品作为装饰品摆放在家中，或者拍照片分享到社交平台，或者用心包装成礼物送人，都能让人产生满满的成就感。

在本书中，我给大家分享了一些简单、容易上手的迷你食物的制作过程，通过详细的文字、精美的图片和有趣的视频，向大家展示一块块平凡无奇的黏土是如何演变成令人垂涎的菠萝油、吐司、牛角包、泡芙、松饼、蛋糕、饺子、寿司、汉堡等一切美味的食物的。为了让第一次接触黏土的小伙伴也能体验黏土手作的快乐，我对制作方法进行了多次改良，让文字说明尽量精简易懂，我还在案例中给大家总结了一些技巧小贴士。

书中介绍的材料和工具都是比较容易获取的，如果大家手中没有书中介绍的材料和工具，也可以找类似的东西来替代。书中的材料、工具和制作方法，均是我个人想法和创作思路的体现，希望能给手工爱好者一点点启发和引导。

我觉得制作手作最重要的是本着轻松快乐的心情去创作心中的美好事物，不应拘泥于严谨的步骤和方法。一起动手吧，尽情发挥你自己的小宇宙去自由创作，制作出你喜欢的迷你食物。

如果工作很忙碌，可以偶尔放慢节奏，忙里偷闲制作一份小手作，回到从前课堂里无忧无虑的劳作时光，也是舒缓工作压力的一种方式。我希望这本书能够带给大家一份宁静的幸福，我也非常期待能看到大家通过这本书的启发，喜欢上手作，记录对生活点滴的热爱，创作出独特的黏土手工艺品。

By: circle

2021 年 2 月

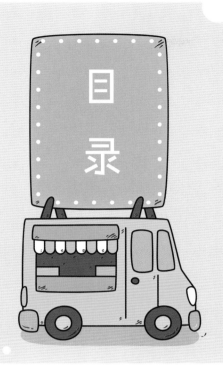

目录

Part3 甜点篇

 常见甜点配料 /52　　 常见甜点款式 /60

Part4 料理篇

 日式料理 /90　　 西式料理 /103　　 中式料理 /112

Part5 食物装饰篇

Part6 作品展示篇

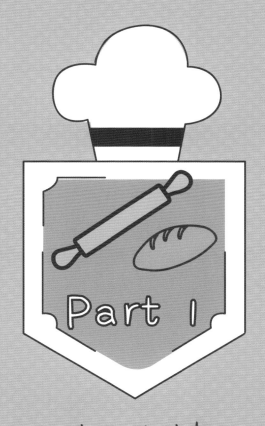

Part 1

基 础 篇

材料

◆ 制作材料

树脂黏土

本书使用的树脂黏土是日本帕蒂格（PADICO）公司的 MODENA 树脂黏土，这种树脂黏土呈白色或者半透明，纹理细腻，用其制作的食玩有密实而坚硬的质感。食玩塑形的主材一般选择白色或者半透明的树脂黏土。

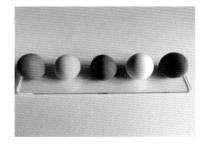

超轻黏土

本书使用的超轻黏土是贝蒙超轻黏土，这种黏土柔软质轻，不同颜色之间可混合调色。如果直接用超轻黏土来制作食玩，其本身具有的弹性会令细节部位反弹，质感和硬度都有所欠缺。所以超轻黏土一般用作给半透明树脂黏土染色的辅材。

◆ 上色材料

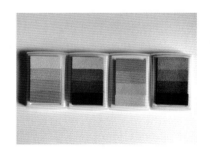

彩色印泥

彩色印泥用来给黏土染色、调色或上色，建议选择渐变彩色印泥，这种印泥色彩层次丰富，使用比较方便。

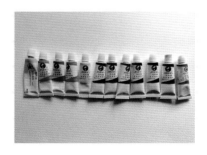

水彩颜料

水彩颜料用来给黏土染色、调色或上色，与彩色印泥的用途差不多，如果印泥的颜色能够满足制作的需求，就不用另外购买水彩颜料。基本上 12 色的水彩颜料就够用了，本书使用的是马利牌 12 色水彩颜料，大家也可以根据自己的喜好选用其他品牌的水彩颜料。

色粉笔

可以用细节针或雕刻刀刮色粉笔笔身，得到所需颜色的粉末，用以制作面包上的白色糖粉、煎牛排上的黑胡椒粉等；也可以用海绵刷蘸取色粉笔上的色粉，为黏土作品上色，如蘸取棕色色粉为面包和饼干上烘烤色。基本上 24 色色粉笔就够用了，如果有单支色粉笔出售，也可以单独购买自己需要的颜色，比较常用的色粉笔有白色、黑色、黄色系及棕色系。

食玩专用烧烤色色粉盒

食玩专用烧烤色色粉盒用来给面包、饼干等上烘烤色。色粉盒就像化妆用的眼影盒一样，配有海绵刷，开盒即用。本书使用的色粉盒是日本田宫（TAMIYA）公司的三色色粉盒，美观且实用性强，常用的三种烘烤色都有。

◆ 其他材料

使用方法:
用细毛笔蘸取亮光油涂在
作品表面，干透即可。

亮光油

亮光油涂在作品表面可以增加光泽度及硬度。亮光油可选的品牌有美国 Polyform 公司的 Sculpey 亮光油、日本田宫公司的亮光油、日本帕蒂格（PADICO）公司的亮光油等。本书使用的是日本帕蒂格（PADICO）公司的亮光油。需要注意的是，用来蘸取亮光油的毛笔在用完之后需要用清水反复冲洗干净，以免笔毛硬化。

仿真砂糖粉

仿真砂糖粉用来表现面包表面的糖霜质感。仿真砂糖粉可以在网上购买，搜关键字"食玩砂糖"即可找到。仿真砂糖粉有罐装和小袋装的，大家按所需分量选购就可以了。

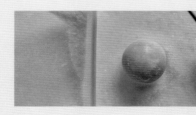

使用方法:
①用小勺子取适量仿真砂糖粉倒在小容器中；
②用细节针逐一添加到面包表面；
③最后扫开多余部分，即可为面包增加一层薄薄的糖霜质感。

工具

◆ 制作工具

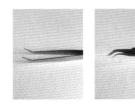

镊子

镊子分直头镊子和尖头镊子，可用于夹取细小的物件，也可以用于制作酥炸物表面纹理。

刀片

刀片可用来切割黏土。

刷子

刷子用于给黏土表面制作粗糙纹理和凹凸效果，可用牙刷代替。

细节剪刀

细节剪刀即尖端锐利的小剪刀，用以裁剪黏土。

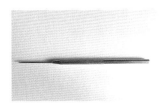

细节针

细节针针尖用于制作黏土食玩细节，手柄部分可用于制作甜筒上的脆皮纹路等。

压痕笔

压痕笔两头为迷你金属圆球，用以制作食玩细节。

黏土骨笔

黏土骨笔为刀状工具。

丸棒

丸棒主要用来在黏土上制作凹坑。

雕刻刀

雕刻刀用于在黏土表面切割划痕。

黏土压板

黏土压板，又称压泥板、搓条器等。

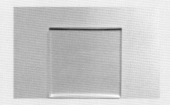

透明垫板

透明垫板可作为制作垫板。

Tips

①如果黏土太粘手，可先在手上抹护手霜后再进行制作，普通护手霜即可；
②在使用黏土压板碾压黏土前，可将护手霜涂在透明垫板及黏土压板上，也可避免黏土粘手。

◆ 上色工具

海绵刷

海绵刷用于蘸取颜料及色粉为黏土进行小面积着色。

海绵块

海绵块，用于蘸取颜料、色粉等，用拍打的方式为黏土大面积着色。

极细毛笔

极细毛笔用以蘸取颜料及绘制细节。

基本技巧

调色与混色

◆ 用颜料为树脂黏土调色

1 取适量半透明白树脂黏土,往黏土上挤少量颜料。

2 用手指充分揉捏树脂黏土和颜料,使其混合。

3 把树脂黏土和颜料揉捏至黏土呈现均匀颜色即可。

Tips

用颜料和超轻黏土都能为树脂黏土调色,区别在于:用颜料为树脂黏土调色,所调制出的混合体主体仍是树脂黏土,制作出的作品质感更坚硬;而用超轻黏土为树脂黏土调色,所调制出的混合体中含有两种黏土成分,制作出的作品更有弹性。大家可以根据作品所需的特性,选择调色方法。

◆ 用超轻黏土为树脂黏土调色

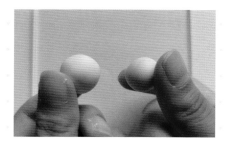

1 用左边淡黄色超轻黏土为右边的半透明白树脂黏土调色。

2 将调好颜色的超轻黏土和树脂黏土充分揉捏混合。

3 将两种黏土揉捏至颜色均匀即可。

◆ 超轻黏土之间的混色

把不同颜色的超轻黏土混合，可以调制出丰富多彩的颜色。比如，白色＋柠檬黄＝奶油黄色，红色＋柠檬黄＝橘红色，蓝色＋柠檬黄＝绿色。

混合方法：混合两种或两种以上颜色的超轻黏土，揉捏至黏土呈现均匀颜色即可。

塑形

圆球状黏土

用两手手心将黏土揉搓成圆球状。

条状黏土

将黏土压板放在黏土上滚动，将黏土搓成条状。

扁平状黏土

将黏土压板放在黏土上往下压，将黏土压平。

薄片状黏土

用压痕笔的笔杆将压平的黏土擀成薄片状。

有纹理黏土

用牙刷在黏土表面拍打印压出凹凸不平的粗糙纹理。

上色

◆ 彩色印泥上色

1 用海绵刷直接在彩色印泥上蘸取颜料。

2 将颜料轻轻刷在作品表面，上色就完成了。

◆ 色粉上色

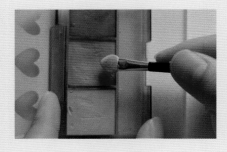 

1 用海绵刷直接蘸取色粉。

2 将色粉轻轻刷在作品表面，上色就完成了。

◆ 颜料上色

1 将颜料挤在调色板上，用海绵刷蘸取颜料。

2 将颜料轻轻刷在作品表面，上色就完成了。

◆ 色粉笔上色

 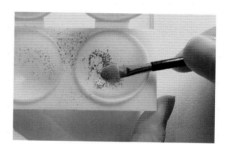

1 选取一支色粉笔，用细节针针头刮色粉笔，刮下的粉末用容器盛起来。

2 用海绵刷蘸取色粉笔粉末。

3 将色粉笔粉末轻轻刷在作品表面，上色就完成了。

Part 2

面包篇

黑胡椒粉

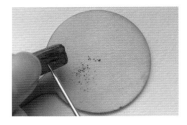

▷ 所需材料

色粉笔

▷ 所需工具

细节针

扫码观看视频

1 取黑色色粉笔，用细节针针尖刮笔身，刮出的黑色粉末就可以作为黑胡椒粉。

2 用黑胡椒粉装饰食物示例。

 Tips

用细节针针尖刮色粉笔时，要保持一定的高度，这样粉末洒落到食物上时会更加均匀、自然。

牛油块

▷ 所需材料

树脂黏土、超轻黏土

▷ 所需工具

黏土压板、细节剪刀

扫码观看视频

1 取半透明树脂黏土与黄色超轻黏土充分混合后，搓成条状，用黏土压板压平。

2 用细节剪刀将压平的黏土剪成小方块，牛油块制作就完成了。

芝士块

扫码观看视频

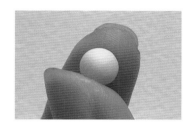

1 取半透明树脂黏土与黄色超轻黏土充分混合后，搓成淡黄色球状。

2 用黏土压板将球状黏土压平，呈饼状。

3 用细节剪刀将饼状黏土剪成四方块，芝士块就制作完成了。

4 将芝士块放在方形吐司片上。

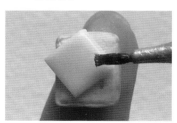

5 用极细毛笔刷上亮光油，芝士吐司片就做好了。

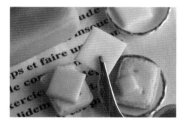

6 以芝士块、芝士吐司片、牛油吐司片与长方形吐司组合的吐司美食集锦。

水煮蛋

▷ 所需材料

超轻黏土

▷ 所需工具

丸棒、刀片

Tips

类似水煮蛋蛋片这样的片状食物的组合，可以借助白乳胶等来进行黏合。

扫码观看视频

1 将白色超轻黏土搓成鸡蛋状。

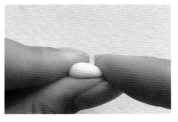

2 将鸡蛋状黏土的一边压平，作为切面。

3 在压平面用小号丸棒压出一个小坑，蛋白塑形完成。

4 取黄色超轻黏土搓成一个小球。

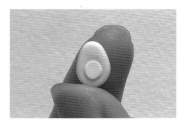

5 将黄色小球放入蛋白的坑里，压实，待干燥后水煮蛋制作就完成了。

6 可用刀片将水煮蛋切片后，按自己的喜好将其装饰在面包上。

煎鸡蛋

🚩 所需材料

树脂黏土、
超轻黏土

🚩 所需工具

黏土压板、
丸棒、
极细毛笔

扫码观看视频

1 将半透明树脂黏土与白色超轻黏土充分混合后，搓成白色小球。

2 用黏土压板将白色小球压平，呈饼状。

3 用小号丸棒在白色小饼上压出小圆坑。

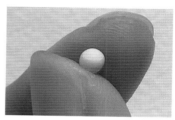

4 将半透明树脂黏土与黄色超轻黏土糅合，搓成黄色小球。

5 将黄色小球放入白色小饼的小圆坑中，轻轻压实，静置待干。

6 完全干燥后，用极细毛笔刷上亮光油，煎鸡蛋就做好了。

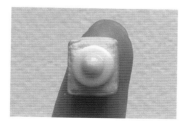

7 煎鸡蛋与方形吐司片组合而成的煎蛋吐司示例。

青瓜片

⚑ 所需材料

树脂黏土、
水彩颜料

⚑ 所需工具

极细毛笔、
刀片

Tips ········

类似青瓜片这
样，通过制作
细长条，待干
后切片的小配
件，可用小瓶
子等容器储存
未用完的切片，
待用。

扫码观看视频

1 在半透明树脂黏土中加入
少量草绿色水彩颜料，充
分混合后调出浅绿色黏
土，并用黏土压板将其搓
成细长条，青瓜塑形完成。

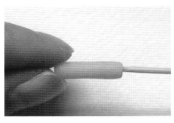

2 将牙签插入青瓜中。

3 用深绿色水彩颜料刷青瓜
的侧面，两端不需要刷。
然后将青瓜直立向上固定
待干（可将牙签底部插在
海绵上固定）。

4 完全干燥后，取出牙签，
用刀片将青瓜切片。

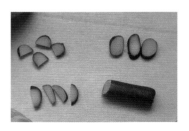

5 可按实际需要，将青瓜切
成不同形状。

6 用青瓜片装饰纺锤形面包
示例。

生菜叶

⚑ 所需材料

树脂黏土、
水彩颜料

⚑ 所需工具

刷子、
雕刻刀、
压痕笔

Tips

除了片状的生菜，也可以用细节剪刀将生菜裁剪成细丝状来装饰面包。

扫码观看视频

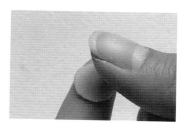

1 将半透明树脂黏土与草绿色水彩颜料充分混合后搓成圆球，并压成薄片。

2 用刷子在薄片上压出粗糙纹理。

3 用雕刻刀在薄片上印压出生菜叶的脉络，生菜叶塑形完成。

4 用压痕笔笔头将薄片边缘挑成波浪状花边，待干燥后生菜叶就制作完成了。

5 用生菜叶装饰不同款式面包示例。

Healthy Smoothie

番茄块

▷ 所需材料

树脂黏土、
水彩颜料、
亮光油

▷ 所需工具

黏土压板、
压痕笔、
镊子、
双面胶、
极细毛笔

Tips

类似番茄块等配料的尺寸，要根据其搭配食物的尺寸来进行调整，以避免出现比例失调的情况。

扫码观看视频

1 取少量半透明树脂黏土，蘸红色水彩颜料，充分混合后搓成小球状。

2 用黏土压板将小球压平，呈饼状。

3 用压痕笔在红色小饼上压出凹坑，番茄块塑形完成。

4 在镊子柄上（任意一面）贴上一小段双面胶。

5 将番茄块固定在双面胶上，用极细毛笔蘸取红色水彩颜料刷在凹坑以外部位。

6 用黄色水彩颜料和半透明树脂黏土调出若干黄色小颗粒，放入番茄块的凹坑内。

7 给整个番茄块刷上亮光油，包括凹坑，番茄块的制作就完成了。

8 用番茄块装饰各种食物示例。

香肠

彩色印泥、
树脂黏土、
亮光油

所需工具

黏土压板、
雕刻刀、
极细毛笔

Tips

学习了香肠的
基本塑形后，
可以尝试制作
不同颜色、不
同口味的香肠。

扫码观看视频

1 用红褐色印泥将半透明树脂黏土染成香肠的红褐色。

2 用黏土压板将红褐色黏土搓成细条状。

3 用雕刻刀在细条状黏土上划出斜条状纹路，两端稍微弯曲，待干，香肠塑形完成。

4 用极细毛笔蘸取红褐色印泥刷在香肠表面，静置待干。

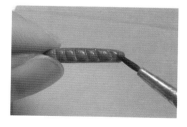

5 完全干燥后，在香肠表面刷上亮光油，香肠的制作就完成了。

6 用香肠装饰面包示例。

圆餐包

扫码观看视频

 所需材料

树脂黏土、超轻黏土、食玩专用烧烤色色粉、
亮光油

所需工具

海绵刷、极细毛笔

 Tips

垫圆餐包的装饰纸可用英文报纸代替。

开始制作

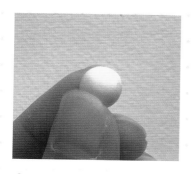

1 取半透明树脂黏土与黄色超轻黏土充分混合后，搓成淡黄色球状。

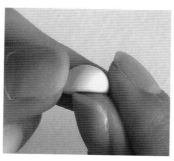

2 将球状黏土底部压平，呈半球状，静置待干，圆餐包塑形完成。

3 待圆餐包完全干燥后，用海绵刷依次蘸取棕黄色色粉、深棕色色粉拍打上色，叠出烘烤色的层次感。

4 用极细毛笔在圆餐包表面轻轻刷上亮光油。

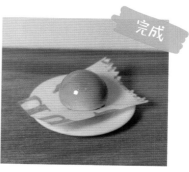

完成

5 剪一小块装饰纸垫在圆餐包底部，圆餐包的制作就完成了。

Baking Powder

菠萝油

扫码观看视频

扫码观看视频

▷ 所需材料

树脂黏土、超轻黏土、食玩专用烧烤色色粉、
亮光油

▷ 所需工具

刀片、刷子、海绵刷、镊子、极细毛笔

Tips

切割黏土最好是待黏土完全干透后
再进行，像小面包这种尺寸的黏土，
静置一晚上基本就能干透。

开始制作

① 取半透明树脂黏土与黄色超轻黏土充分混合后，搓成淡黄色球状。

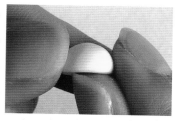

② 将球状黏土底部压平，呈半球状，静置待干。

③ 用刀片在半球状黏土表面划出格纹，菠萝油塑形完成。

④ 用刷子在菠萝油表面压出粗糙纹理，静置待干。

⑤ 待菠萝油完全干燥后，用海绵刷依次蘸取棕黄色色粉、深棕色色粉拍打上色，叠出烘烤色的层次感。

⑥ 用刀片在菠萝油三分之二处切割，不要切断，上部分底部的比例为2：1。

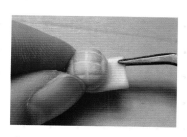

⑦ 撑开切口，用镊子往里面放入正方形牛油块。

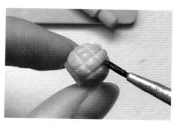

⑧ 用极细毛笔在菠萝油上盖刷上亮光油，待干燥后，菠萝油制作就完成了。

完成

⑨ 半成品菠萝油、成品菠萝油搭配展示。

吐司片

扫码观看视频

▷ 所需材料

树脂黏土、超轻黏土、食玩专用烧烤色色粉

▷ 所需工具

黏土压板、刷子、细节针、镊子、海绵刷

Tips

如想同时制作多块吐司片，可先将黏土搓成长条压平，切割出多个小方块，分别调整细节部位。

开始制作

1 取半透明树脂黏土与黄色超轻黏土充分混合后，搓成淡黄色球状。

2 用黏土压板将球状黏土压平，呈饼状。

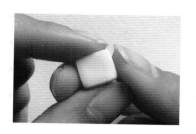

3 将饼状黏土捏塑成方形，吐司片塑形完成。

4 用刷子在吐司片上按压出凹凸纹理，增添质感。

5 用细节针针尖沿着吐司片边缘刻画出吐司边的界线。

6 在吐司片表面戳出若干气孔，静置待干。

7 待吐司片完全干燥后，一边用镊子夹住吐司片，一边用海绵刷蘸取棕黄色色粉给四边拍打上色。

完成

8 吐司片的制作就完成了。

Flour

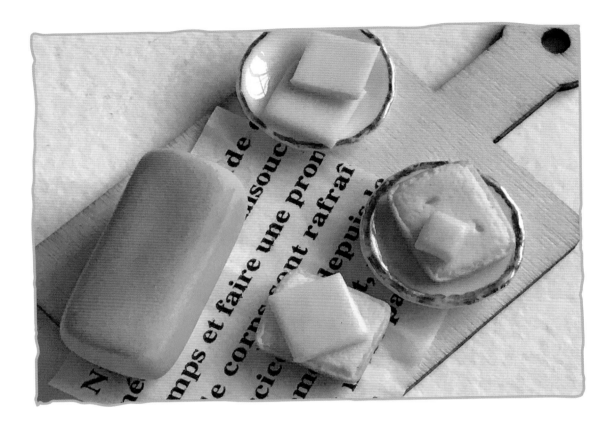

长方形吐司

扫码观看视频

 所需材料

树脂黏土、超轻黏土、食玩专用烧烤色色粉

所需工具

黏土压板、海绵刷

Tips

制作长方体时，要压平每一个面，这个动作可以反复操作，直至压出清晰的边角。

开始制作

① 取半透明树脂黏土与黄色超轻黏土充分混合后，搓成短椭圆棒状。

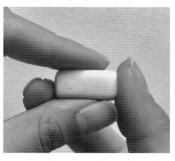

② 将短椭圆棒状黏土捏塑成长方体状。

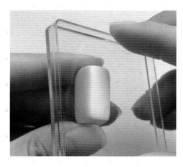

③ 用黏土压板压平长方体的每个面，静置待干。

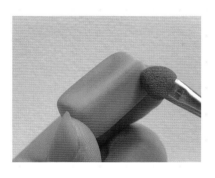

④ 完全干燥后，用海绵刷依次蘸取棕黄色色粉、深棕色色粉拍打上色，叠出烘烤色的层次感，长方形吐司制作就完成了。

⑤ 长方形吐司与吐司片搭配展示。

Sugar

法棍

扫码观看视频

▷ 所需材料

树脂黏土、超轻黏土、食玩专用烧烤色色粉、
亮光油、仿真砂糖粉

▷ 所需工具

黏土压板、细节针、海绵刷、极细毛笔

Tips

用细节针针尖制作法棍间隙的纹理
时，可用手指蘸取少量水抹在需要添
加细节的位置，软化黏土后再戳出纹
理，效果更好，纹理更清晰。

1 取半透明树脂黏土与黄色超轻黏土充分混合后，搓成淡黄色球状。

2 用黏土压板将球状黏土搓成 3～4 cm 长的细条。

3 轻捏收窄细条两端，调整一下形状。

4 用细节针的针柄在细条上斜压出均等的压痕。

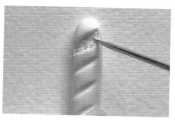

5 用细节针针尖扩展压痕，使其呈窄叶形。

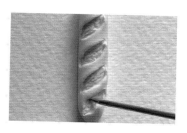

6 用细节针针尖在每一个叶形中戳出凹凸状纹理，增添粗糙质感，之后静置待干，法棍塑形完成。

7 待法棍完全干燥后，用海绵刷依次蘸取棕黄色色粉、深棕色色粉拍打上色，叠出烘烤色的层次感。

8 在法棍表面轻轻刷上亮光油。

9 趁亮光油未干，撒上仿真砂糖粉，法棍的制作就完成了。

纺锤形面包

扫码观看视频

扫码观看视频

▷ 所需材料

树脂黏土、超轻黏土、食玩专用烧烤色色粉

▷ 所需工具

黏土压板、刀片、海绵刷、镊子

Tips

为纺锤形面包搭配配料时，可将配料尽可能切成半圆状，分别叠放在 V 字形切口两侧。

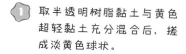

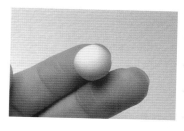

1 取半透明树脂黏土与黄色超轻黏土充分混合后，搓成淡黄色球状。

2 用黏土压板将球状黏土搓成短椭圆棒状。

3 轻捏收窄短椭圆棒状黏土两端，静置待干，纺锤形面包塑形完成。

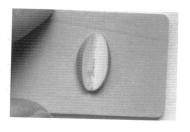

4 待纺锤形面包完全干燥后，用刀片将其切开，不要切断。

5 切口呈 V 字形，开口大小根据实际需放置的配料而定。

6 切割完成后，用海绵刷依次在纺锤形面包外表面刷上棕黄色、深棕色色粉，叠出烘烤色的层次感，纺锤形面包制作就完成了。

完成

7 可按自己的喜好用镊子将配料放入 V 字形切口中。

8 半成品纺锤形面包、成品纺锤形面包与配料、小道具搭配展示。

牛角包

扫码观看视频

▷ 所需材料

树脂黏土、超轻黏土、食玩专用烧烤色色粉、亮光油

▷ 所需工具

黏土压板、亚克力擀棒、细节剪刀、海绵刷、镊子、极细毛笔

Tips

刷亮光油时，可以用镊子夹住物体，再用极细毛笔蘸取亮光油刷在物体上，这样就可以避免亮光油蹭到手指上。

开始制作

1 取半透明树脂黏土与黄色超轻黏土充分混合后，用黏土压板搓成棒状。

2 将棒状黏土压平。

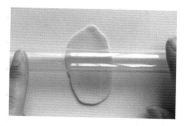

3 用亚克力擀棒将黏土继续压平、压薄。

4 用细节剪刀将薄饼状黏土剪成窄长的三角形。

5 将三角形黏土从底边开始往上卷。

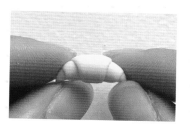

6 将黏土卷成牛角状，轻捏两端，捏出尖角，并使其稍微向内弯曲，静置待干，牛角包塑形完成。

7 待牛角包完全干燥后，用海绵刷依次蘸取棕黄色色粉、深棕色色粉拍打上色，叠出烘烤色的层次感。

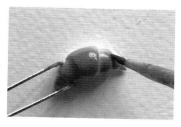

8 一边用镊子夹住牛角包，一边用极细毛笔在牛角包表面轻轻刷上亮光油，完全干燥后，牛角包制作就完成了。

9 可将牛角包按 2：1 的比例切成两半，在中间夹上自己喜欢的配料。和其他食物搭配展示，有野餐的感觉。

完成

辫子糖霜包

▷ 所需材料

树脂黏土、超轻黏土、食玩专用烧烤色色粉、
丙烯颜料

▷ 所需工具

细节剪刀、海绵刷、海绵块

Tips

将黏土搓成长条状后，表面风干较快，
黏性会降低，所以编辫子的时候手速
要有意识地加快。

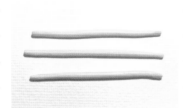

① 取半透明树脂黏土与黄色
超轻黏土充分混合后，搓
成三条淡黄色长条。

② 将两条长条前端交叉组合
在一起，再将第三条长条
放置在中间位置。

③ 将右边的长条搭在中间长
条上，再将左边长条搭在
右边的长条上。

④ 像编麻花辫一样，将三条
长条一直编完。

⑤ 用细节剪刀剪去两端多余
部分。

⑥ 用指腹调整两端的形状，让
两端圆润、光滑，静置待干，
辫子糖霜包塑形完成。

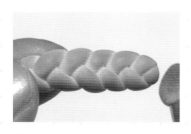

⑦ 待辫子糖霜包完全干燥后，
用海绵刷依次蘸取棕黄色色
粉、深棕色色粉拍打上色，
叠出烘烤色的层次感。

完成

⑧ 用海绵块蘸取白色丙烯颜
料，轻轻拍打于辫子糖霜包
表面，点缀糖霜质感，辫子
糖霜包的制作就完成了。

Milk

抹茶软欧包

▷ **所需材料**

彩色印泥、超轻黏土、丙烯颜料

▷ **所需工具**

雕刻刀、海绵块

 Tips

划切口时，可待黏土表面稍微干燥一点再进行。

1 取绿色印泥将白色超轻黏土染成绿色。

2 将绿色黏土搓成球状。

3 将球状黏土轻压至扁平饼状。

4 用指腹将扁平饼状黏土捏成三角状。

5 用指腹将三角状黏土的棱角按压平滑。

6 用雕刻刀在三角状黏土其中一面的中间划出一道长切口。

7 在长切口两侧分别划三道短斜切口。

8 用雕刻刀刀尖将切口加宽，并在凹陷处轻戳出粗糙的纹理，抹茶软欧包塑形完成。

完成

9 用海绵块蘸取白色丙烯颜料，轻轻拍印于抹茶软欧包表面，抹茶软欧包的制作就完成了。

蒜香包

Toaster

▷ 所需材料

树脂黏土、超轻黏土、食玩专用烧烤色色粉、
彩色印泥、丙烯颜料

▷ 所需工具

雕刻刀、细节针、海绵刷、极细毛笔、海绵块

1 取半透明树脂黏土与黄色超轻黏土充分混合后,搓成淡黄色球状。

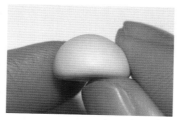

2 将球状黏土底部压平,捏成半球面状。

3 用雕刻刀在半球面状黏土表面轻划出花形。

4 将花形范围内的表层黏土挑出。

5 将挑出的花形表层黏土剔除。

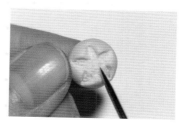

6 用细节针调整花形边缘,并轻戳凹陷处调整纹理,蒜香包塑形完成。

7 用海绵刷依次蘸取棕黄色色粉、深棕色色粉给蒜香包拍打上色,叠出烘烤色的层次感。

8 用极细毛笔蘸取绿色印泥轻刷在花形凹陷处。

完成

9 用海绵块蘸取白色丙烯颜料轻轻拍打在蒜香包表面,点缀糖霜质感,蒜香包的制作就完成了。

Part 3

甜点篇

果酱

🚩 所需材料

水彩颜料、
亮光油

🚩 所需工具

透明垫板、
极细毛笔

Tips

果酱浓度可自
行调节，水果
果酱透明度高，
水彩颜料用量
相对较少；巧
克力酱颜色深，
水彩颜料用量
相对较多。

1 用黄色、红色、棕色、绿
色四种颜色的水彩颜料来
调制果酱。

2 准备好亮光油。

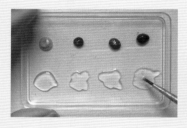

3 四种水彩颜料分别取少量
到透明垫板上，再用极细
毛笔对应蘸取四份亮光油
到调色板上。

4 将水彩颜料与亮光油充分
混合、调和，果酱的制作
就完成了。

树莓

水彩颜料、
树脂黏土

制作树莓时，可
先制作一个小圆
球作为中心，然
后在其外层粘上
其他小颗粒，所
制作的树莓体积
较大时可运用此
方法提高效率。

扫码观看视频

1 将红色水彩颜料与半透明
树脂黏土充分混合后，搓
成若干个小球。

2 把小球一颗颗粘在一起，
树莓的制作就完成了。

3 可制作一颗颗紫黑色的小
球，并将其粘在一起做成
桑果，和树莓一起装饰切
件蛋糕。

Tea time

草莓块

所需材料

超轻黏土、
水彩颜料

所需工具

细节针、
极细毛笔

扫码观看视频

1 取小块红色超轻黏土搓成球状。

2 将球状黏土搓成上窄下宽的鸡蛋形状。

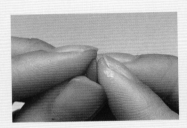

3 将鸡蛋状黏土的一个侧面捏平。

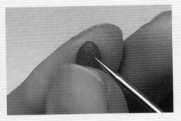

4 用细节针在黏土表面戳出小孔，草莓块塑形完成。

5 用极细毛笔笔尖蘸取白色水彩颜料在草莓块压平的那面描绘出纹路，草莓块的制作就完成了。

蓝莓

水彩颜料、
树脂黏土

所需工具

细节针

Tips

制作小颗粒物
体时，调好颜
色的黏土如果不
使用，需用保鲜
膜或密封盒暂时
保存，以保持黏
土的湿度。小颗
粒黏土风干速度
快，可用手指蘸
取少量水分抹在
需要刻画细节的
部位。

扫码观看视频

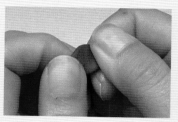

① 取蓝色水彩颜料与树脂黏土充分混合。

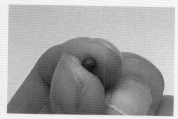

② 取一小块蓝色黏土搓成球状。

③ 用细节针在球状黏土中心戳一个孔。

④ 用细节针从中心小孔向外推出五角星形，蓝莓的制作就完成了。

Pancake

芒果粒

▷ 所需材料

水彩颜料、
树脂黏土

▷ 所需工具

透明垫板、
刀片

Tips

直接以颜料为
树脂黏土调色，
黏土手感稍微
粘手，可在制
作前，手部抹
上护手霜。

扫码观看视频

1 取柠檬黄水彩颜料与少量
朱红水彩颜料混合，调出
中黄色水彩颜料。

2 将中黄色水彩颜料刷在小
块半透明树脂黏土上，两
者充分混合，得到中黄色
黏土。

3 将中黄色黏土搓成球状。

4 用透明垫板将球状黏土压
平，静置待干。

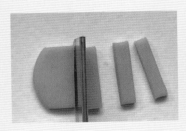

5 完全干燥后，用刀片将压
平的黏土切成条状。

6 将条状黏土切成粒状，芒
果粒制作就完成了。

苹果片

▷ 所需材料

水彩颜料、
树脂黏土

▷ 所需工具

刀片、
镊子、
双面胶、
极细毛笔

扫码观看视频

1 将黄色水彩颜料与半透明树脂黏土充分混合后，搓成球状，静置待干。

2 完全干燥后，用刀片将球状黏土对半切开。

3 在镊子柄上贴一小段双面胶，将黏土的切面粘贴在镊子上，再用极细毛笔蘸取红色水彩颜料，如画线般给黏土表面上色。

4 用刀片将上完色的黏土切成薄片，苹果片的制作就完成了。

5 用苹果片装饰慕斯切件蛋糕。

香蕉片

🚩 所需材料

树脂黏土、
超轻黏土、
水彩颜料

🚩 所需工具

黏土压板、
刀片、
镊子、
双面胶、
极细毛笔

Tips

用双面胶固定
小物件，方便
进一步上色，
是很常用且便
利的技巧。

扫码观看视频

① 取半透明树脂黏土与黄色超轻黏土充分混合后，搓成淡黄色球状。

② 用黏土压板将球状黏土搓成条状，静置待干。

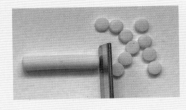

③ 完全干燥后，用刀片将黏土切成圆片。

④ 或者将黏土斜切成椭圆片。

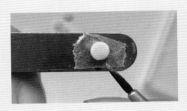

⑤ 在镊子柄上贴一小段双面胶，将圆片固定在镊子上。再用极细毛笔蘸取黄色水彩颜料并加水后薄涂在圆片中心。

⑥ 用浅棕色水彩颜料在圆片中心点上一些点点，香蕉片的制作就完成了。

⑦ 椭圆形香蕉片示例。

⑧ 香蕉片与其他配料组合，装饰在甜点上示例。

奶油裱花

🚩 所需材料

超轻黏土

🚩 所需工具

刀片、
黏土骨笔

🎏 Tips

甜点中的奶油裱花各式各样，这两款奶油裱花仅作为基础示例，大家可尝试运用所学技巧，举一反三，制作更多花样的奶油裱花。

扫码观看视频

奶油裱花一

1 取少量白色超轻黏土搓成球状。把球状黏土一端捏成水滴状。

2 用刀片在黏土上压出竖条状纹路。第一款奶油裱花制作就完成了。

3 制作若干个奶油裱花，头尾连接即可组合在任意甜点上作装饰。

4 奶油裱花装饰示例。

奶油裱花二

1 取少量白色超轻黏土搓成球状。

2 将球状黏土压平。

3 用黏土骨笔在压平的黏土上刻画出纹路，第二款奶油裱花的制作就完成了。

4 奶油裱花装饰示例——奶油泡芙。

爱心饼干

扫码观看视频

▷ 所需材料

树脂黏土、超轻黏土、食玩专用烧烤色色粉

▷ 所需工具

压痕笔、细节针、海绵刷

Tips

制作多个饼干时，可将完成塑形的饼干固定在双面胶上进行上色。

开始制作

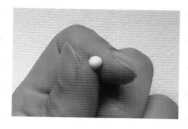

1 取半透明树脂黏土与黄色超轻黏土充分混合后，搓成淡黄色球状。

2 将球状黏土捏成胖水滴形状。

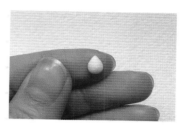

3 将水滴状黏土压平。

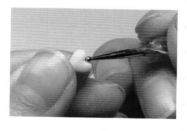

4 用压痕笔在黏土宽的一端往里压，压出爱心形状。

5 用压痕笔在黏土表面压出三个小孔，爱心饼干塑形完成。

6 用细节针针尖在爱心饼干表面戳出凹凸纹理，增加质感。

完成

7 用海绵刷依次蘸取棕黄色、深棕色色粉给爱心饼干拍打上色，叠出烘烤色的层次感，爱心饼干的制作就完成了。

Cake & Bake

格子华夫饼

扫码观看视频

▷ 所需材料

树脂黏土、超轻黏土、食玩专用烧烤色色粉、
亮光油

▷ 所需工具

黏土压板、方格硅胶模具、海绵刷

Tips

使用硅胶模具时，黏土与硅胶模具之
间或许会产生粘连，可提前将护手霜
抹在硅胶模具表面，帮助脱模。

开始制作

1 取半透明树脂黏土与黄色超轻黏土充分混合后,搓成淡黄色球状。

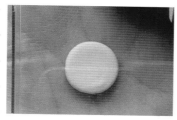

2 用黏土压板将球状黏土压平,呈饼状。

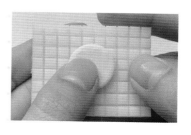

3 将饼状黏土放在方格硅胶模具上轻轻印压出格纹。

4 将黏土两面都压上格纹,然后取下静置待干,格子华夫饼塑形完成。

5 待格子华夫饼完全干燥后,用海绵刷依次蘸取棕黄色、深棕色色粉拍打上色,叠出烘烤色的层次感。

完成

6 添加一些自己喜爱的配料,如奶油裱花、水果等,再轻轻刷上亮光油,格子华夫饼的制作就完成了。

Honey

牛油松饼

扫码观看视频

▷ **所需材料**

树脂黏土、超轻黏土、食玩专用烧烤色色粉、白乳胶

▷ **所需工具**

黏土压板、黏土骨笔、海绵刷、镊子、极细毛笔

Butter Muffin

开始制作

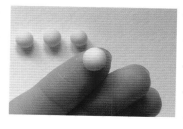

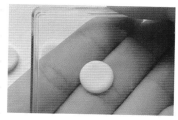

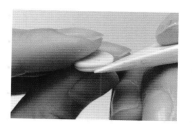

1 取半透明树脂黏土与黄色超轻黏土充分混合后，搓成淡黄色球状。

2 用黏土压板将球状黏土压成片状。

3 用黏土骨笔在片状黏土的侧面加一道压痕，松饼塑形完成。

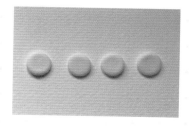

4 做四块侧面有压痕的片状黏土，静置待干。

5 用海绵刷依次蘸取棕黄色色粉、深棕色色粉给松饼拍打上色，叠出烘烤色的层次感，单块松饼制作完成。

6 用白乳胶把四块松饼错落地粘在一起。

完成

7 制作一小块牛油，然后用镊子夹住牛油粘在最上面的松饼上。

8 制作半透明黄色果酱，然后用极细毛笔蘸取果酱刷在松饼上，牛油松饼的制作就完成了。

奶油可丽饼

扫码观看视频

▷ 所需材料

树脂黏土、超轻黏土、食玩专用烧烤色色粉

▷ 所需工具

黏土压板、细节针、海绵刷、镊子、
极细毛笔

Tips

为奶油可丽饼添加水果配料时，最好趁奶油裱花未干时进行，而采用的水果配料则建议使用完全干燥后的硬质水果颗粒。

开始制作

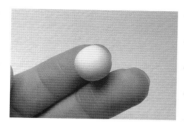

1 取半透明树脂黏土与黄色超轻黏土充分混合后，搓成淡黄色球状。

2 用黏土压板把球状黏土压成薄片状。

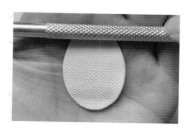

3 用细节针手柄在薄片状黏土一面按压出纹理。

4 将黏土的两边向中心折叠（有纹理的一面露在外面），并黏合在一起，静置待干。

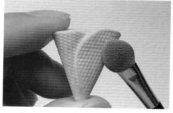

5 完全干燥后，用海绵刷依次蘸取棕黄色色粉、深棕色色粉拍打上色，叠出烘烤色的层次感，可丽饼就做好了。

6 取白色超轻黏土制作三层奶油裱花，依次叠放在可丽饼上。

7 用镊子在最上层奶油裱花上装饰自己喜爱的配料。

完成

8 制作自己喜爱的果酱刷在可丽饼和奶油裱花上，奶油可丽饼的制作就完成了。

慕斯蛋糕切件

扫码观看视频

▷ 所需材料

树脂黏土、超轻黏土

▷ 所需工具

黏土压板、刀片

Tips

盛放蛋糕的小碟子可以在网上购买，搜索关键词"微缩模型碟子"即可找到。

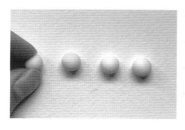

1 将半透明树脂黏土分别与黄色超轻黏土、白色超轻黏土混合，调出淡黄色黏土及白色黏土，搓出两个淡黄色圆球、两个白色圆球。

2 用黏土压板将四个圆球压平（压板上可抹护手霜，以免黏土粘在压板上）。

3 将四个压平的黏土工整地叠在一起，静置待干。

4 完全干燥后，用刀片将黏土切成自己喜欢的切件形状，慕斯蛋糕切件的制作就完成了。

5 正方形慕斯蛋糕切件。

6 长方形慕斯蛋糕切件。

完成

7 用苹果片装饰慕斯蛋糕切件后，刷上亮光油，一个漂亮的苹果慕斯蛋糕切件就制作完成了。

Sweet Donuts

夏洛特蛋糕

扫码观看视频

▷ 所需材料

树脂黏土、超轻黏土、食玩专用烧烤色色粉、丙烯颜料

▷ 所需工具

黏土压板、刷子、海绵刷、海绵块

Tips

用海绵蘸取白色丙烯颜料，为甜点添加糖霜质感时，可先在手背或纸上印拍，测试浓度效果，以免着色过重，未能形成散落的糖霜效果。

1 取半透明树脂黏土与黄色超轻黏土充分混合后，搓成淡黄色球状。

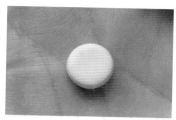

2 用黏土压板将球状黏土压平，作为蛋糕的饼底。

3 另取少量半透明树脂黏土与黄色超轻黏土充分混合后，搓成淡黄色球状。

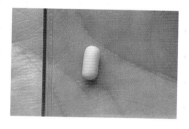

4 将球状黏土做成短小的椭圆条状黏土后压平（至少制作 10 个）。

5 用刷子在每个压平的小黏土块表面印压出凹凸纹理，增添质感。

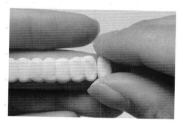

6 压纹完成后，将压平的小黏土块逐个黏合在一起。

7 将上一步黏合好的组件卷贴在蛋糕饼底侧面，静置待干。

8 完全干燥后，用海绵刷依次蘸取棕黄色色粉、深棕色色粉拍打上色，叠出烘烤色的层次感。

完成

9 加上自己喜爱的装饰配料，再用海绵块蘸取白色丙烯颜料，整体轻轻拍打，点缀上糖霜质感，夏洛特蛋糕的制作就完成了。

栗子蒙布朗

▷ 所需材料

树脂黏土、超轻黏土、食玩专用烧烤色色粉、丙烯颜料

▷ 所需工具

刷子、黏土压板、海绵刷、黏土骨笔、雕刻刀、海绵块

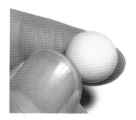

1 取半透明树脂黏土与黄色超轻黏土充分混合后，搓成淡黄色球状。

2 先用黏土压板将球状黏土压成饼状，再用刷子在饼状黏土侧面印压，增加粗糙的纹理质感。

3 左手捏住黏土，右手用黏土压板轻压黏土侧面，边转边压，让黏土形状规整。

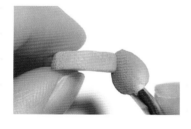

4 待黏土完全干燥后，用海绵刷依次蘸取棕黄色色粉、深棕色色粉，给黏土侧面涂刷上色，叠出烘烤色的层次感，蛋糕饼面就做好了。

5 取浅棕色超轻黏土搓成圆锥状，将宽的一端贴在蛋糕饼面上，将另一端捏尖。

6 用黏土骨笔在圆锥状黏土上压上一圈一圈的压痕。

7 取深棕色超轻黏土搓成胖水滴状，将顶部捏尖后，放在圆锥状黏土顶部。

8 用雕刻刀在顶上的胖水滴状黏土上划上一道道放射线，添加纹理。

完成

9 用海绵块蘸取白色丙烯颜料轻轻拍打在黏土表面，点缀糖霜质感，栗子蒙布朗的制作就完成了。

玛德琳蛋糕

▷ 所需材料

树脂黏土、超轻黏土、食玩专用烧烤色色粉

▷ 所需工具

黏土骨笔、刷子、细节针、海绵刷

Butter Cake

开始制作

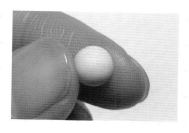

1 取半透明树脂黏土与黄色超轻黏土充分混合后，搓成淡黄色球状。

2 将球状黏土搓成长卵状，并将其底部压平。

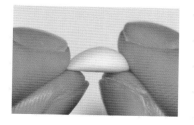

3 将黏土底部的边缘捏薄。

4 用黏土骨笔在黏土表面压几道条状压痕。

5 用刷子在黏土表面轻轻按压，增加粗糙的纹理质感。

6 用细节针在黏土底部的边缘压出薄薄的裙边。

7 待黏土完全干燥后，用海绵刷蘸取棕黄色色粉，给黏土表面涂刷上色。

8 再用海绵刷蘸取深棕色色粉叠色，叠出烘烤色的层次感。

完成

9 用海绵刷蘸取深棕色色粉加深底部边缘的颜色，玛德琳蛋糕的制作就完成了。

拿破仑蛋糕

▷ 所需材料

树脂黏土、超轻黏土、食玩专用烧烤色色粉、丙烯颜料

▷ 所需工具

细节剪刀、黏土骨笔、海绵刷、细节针、海绵块

Delicious Cake

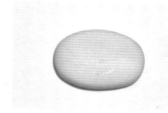

1 取半透明树脂黏土与黄色超轻黏土充分混合后，搓成淡黄色短棒状。

2 将短棒状黏土压成椭圆饼状。

3 用细节剪刀剪去弧形四边，得到长方形黏土。

4 用黏土骨笔在黏土的四个侧面都压上一道道压痕。

5 待黏土完全干燥后，用海绵刷依次蘸取棕黄色色粉、深棕色色粉，给黏土的四个侧面涂刷上色，叠出烘烤色的层次感。

6 重复以上步骤，共制作三块长方形蛋糕饼底。

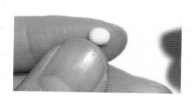

7 取淡黄色黏土搓出八个小椭圆球。

8 将八个小椭圆球分两排贴在蛋糕饼底上并压平，作为蛋糕的夹心。

9 将第二块蛋糕饼底放在第一层夹心上。

10 用同样的方法制作第二层夹心，然后将第三块饼底放在第二层夹心上。

11 取淡黄色黏土压成薄片，放在第三块饼底上。

12 然后用细节剪刀将薄片修剪成跟饼底一样的形状。

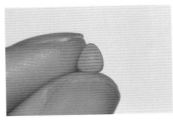
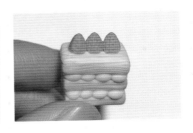

13 用黏土骨笔在顶层薄片上压上一道道压痕。

14 取红色超轻黏土捏出三个草莓。

15 用细节针在三个草莓上轻轻戳一些小孔后，放在蛋糕顶面。

完成

16 用海绵块蘸取白色丙烯颜料轻轻拍打蛋糕表面，点缀糖霜质感，拿破仑蛋糕的制作就完成了。

Fancy Cake

水果派

扫码观看视频

▷ 所需材料

树脂黏土、超轻黏土、食玩专用烧烤色色粉、
丙烯颜料

▷ 所需工具

黏土压板、细节剪刀、刷子、刀片、海绵刷、
海绵块

Tips

本例的水果派为草莓及蓝莓的组合，
可按自己的喜好制作其他水果配料，
如苹果片、芒果粒、蓝莓粒等，组
合出别致的水果派。

1 取半透明树脂黏土与黄色超轻黏土充分混合后，搓成淡黄色球状。

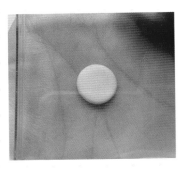

2 用黏土压板将球状黏土压平呈饼状。

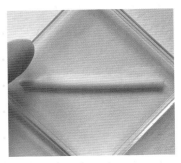

3 另取少量淡黄色黏土搓成均匀的细条状，并压平。

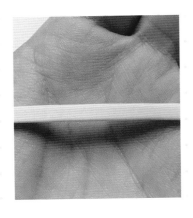

4 用细节剪刀修剪细条状黏土的两端。

5 用刷子在细条状黏土上拍压出凹凸纹理，增添质感。

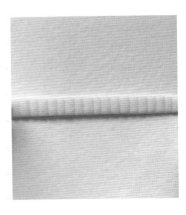

6 用刀片在细条状黏土的表面均等地画上条纹。

⑦ 用刀片修整细条状黏土边缘不平整的位置。

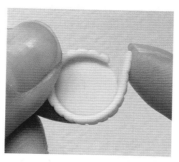

⑧ 将细条状黏土卷贴于饼状黏土的侧面，静置待干。

⑨ 完全干燥后，用海绵刷依次蘸取棕黄色色粉、深棕色色粉拍打上色，叠出烘烤色的层次感，派饼就做好了。

⑩ 取白色超轻黏土搓成球状放入上好色的派饼中。

⑪ 将白色黏土压平、填满派饼。

完成

⑫ 在派饼上加上自己喜爱的装饰配料，最后用海绵块蘸取白色丙烯颜料整体轻轻拍打，点缀出糖霜的质感，水果派的制作就完成了。

彩虹雪糕甜筒

▷ 所需材料

树脂黏土、超轻黏土、食玩专用烧烤色色粉

▷ 所需工具

黏土压板、细节针、海绵刷、刷子

Tips

雪糕甜筒完成后，可按喜好添加不同的果酱，如在粉色甜筒上添加透明红色果酱来点缀。

① 取半透明树脂黏土与黄色超轻黏土充分混合后，搓成淡黄色球状。

② 用黏土压板将球状黏土压成薄片状。

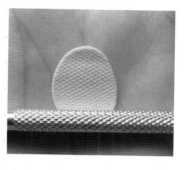

③ 用细节针的针柄在薄片状黏土的表面印压出纹理。

④ 将薄片状黏土向内卷，卷成甜筒（有纹理的一面露在外面），静置待干。

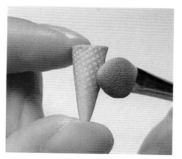

⑤ 完全干燥后，用海绵刷依次蘸取棕黄色色粉、深棕色色粉拍打上色，叠出烘烤色的层次感。

⑥ 取半透明树脂黏土，与白色及少量红色超轻黏土充分糅合，调出浅粉色黏土，搓成球状。

Ice Cream

 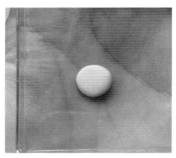 

7 用刷子在球状黏土表面印压出凹凸纹理，增添质感。

8 再取少量浅粉色黏土搓成球状并压平。

9 在甜筒边缘上一层乳胶，把上一步压平的黏土粘贴上去后，用刷子在黏土表面印压出凹凸纹理。

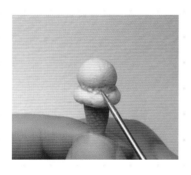  

完成

10 将球状黏土粘贴到压平的黏土上，并用细节针刻画出一些细节纹理，甜筒就做好了。

11 可用不同颜色的黏土混合，调出各种颜色的黏土。

12 重复步骤 7 ～ 10，将不同颜色的黏土组合在一起，彩虹雪糕甜筒的制作就完成了。

Ice Cream

奶油泡芙

扫码观看视频

▷ 所需材料

树脂黏土、超轻黏土、食玩专用烧烤色色粉

▷ 所需工具

刷子、压痕笔、海绵刷

Butter

1 取半透明树脂黏土与黄色超轻黏土充分混合后，搓成淡黄色球状。

2 将球状黏土的一面压平。

3 用刷子在黏土的凸起面拍压出凹凸纹理。

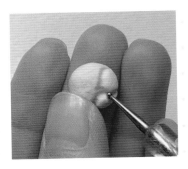

4 用压痕笔在黏土的凸起面印压出纹路。

5 黏土上的纹路印压完成后，静置待干。

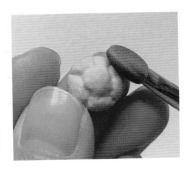

6 用海绵刷依次蘸取棕黄色色粉、深棕色色粉拍打上色，叠出烘烤色的层次感，泡芙的上盖制作完成。

7 另取少量淡黄色超轻黏土搓成球状，黏土的量要比步骤1的少。

8 将球状黏土压平，厚度要比步骤2的薄，用刷子在黏土表面拍压出凹凸纹理，静置待干。

9 用海绵刷依次蘸取棕黄色色粉、深棕色色粉拍打上色，叠出烘烤色的层次感，泡芙的底部制作完成。

10 取白色超轻黏土制作奶油裱花。

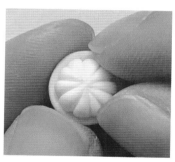

11 将奶油裱花放在泡芙的底部（如有需要，可用乳胶黏合）。

完成

12 将泡芙的上盖放在奶油裱花上，奶油泡芙的制作就完成了。

Part 4

料理篇

日式料理

三角饭团

扫码观看视频

▷ 所需材料

树脂黏土、超轻黏土、水彩颜料

▷ 所需工具

黏土压板、刷子、刀片、细节剪刀、极细毛笔

Tips

饭团的制作比较简单，日式三角饭团除本案的原味饭团以外，还可以添加不同颜色的点点代表不同口味的饭团，如加黄色点点表示肉松饭团，红色点点表示梅子饭团，绿色点点表示蔬菜碎饭团等。

1 取半透明树脂黏土与白色超轻黏土充分混合后，搓成球状。

2 用黏土压板把白色球状黏土压平。

3 把压平的白色黏土捏成三角体。

4 用刷子在白色黏土表面印压出凹凸纹理，增添质感，白色饭团塑形就完成了。

5 取半透明树脂黏土与黑色超轻黏土充分混合后，搓成球状。

6 用黏土压板将黑色球状黏土搓成细长条后，压成薄片。

7 用刷子在黑色薄片黏土一面印压出凹凸纹理，增添质感。

8 用刀片将黑色薄片黏土一端的圆头切掉。

9 将黑色薄片黏土粘贴在白色饭团两侧（两侧长度要相同，且有纹理的一面露在外面），之后将多余部分用细节剪刀剪掉。

完成

10 用极细毛笔蘸取黑色水彩颜料，在饭团其他部分画上小点点，当作芝麻粒来点缀饭团，三角饭团的制作就完成了。

北极贝寿司

扫码观看视频

所需材料

▷ 树脂黏土、超轻黏土、水彩颜料、亮光油

所需工具

▷ 黏土压板、极细毛笔

Sushi

1 取半透明树脂黏土与白色超轻黏土充分混合后，搓成球状。

2 用黏土压板把球状黏土搓成细条状后压平。

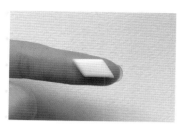

3 用刀片将压平的黏土切成平行四边形。

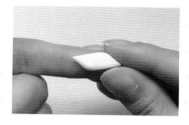

4 将四边形上下两个棱角捏平滑，左右两个棱角捏尖，北极贝塑形完成。

5 另取白色黏土做一个寿司饭团，将北极贝用白乳胶固定在寿司饭团上。

6 将北极贝的两端稍向上弯曲，静置待干。

7 用极细毛笔蘸取红色水彩颜料，给北极贝的一半上色。

8 把极细毛笔洗干净之后，将红色向另一半晕开。

9 晕染出渐变的效果后，用手指轻抹边界，让边界更自然，静置待干。

完成

10 待颜料完全干燥后，刷上亮光油，北极贝寿司的制作就完成了。

三文鱼寿司

扫码观看视频

▷ 所需材料

树脂黏土、超轻黏土、水彩颜料、亮光油、白乳胶

▷ 所需工具

黏土压板、极细毛笔

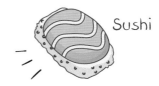

Sushi

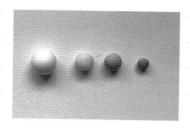

1 取白色超轻黏土、半透明树脂黏土、橘色超轻黏土、红色超轻黏土，分量比例为 6：3：3：1。

2 将四种黏土充分混合后，搓成球状。

3 用黏土压板将球状黏土搓成细条状，压平。

4 用刀片将压平的黏土切成平行四边形。

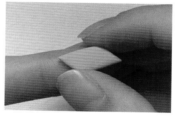

5 将四边形上下两个棱角捏平滑，左右两个棱角捏尖，三文鱼塑形就完成了。

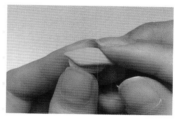

6 另取白色黏土做一个寿司饭团，将三文鱼用白乳胶固定在寿司饭团上。

7 将三文鱼的两端稍向上弯曲，静置待干。

8 用极细毛笔蘸取白色水彩颜料，在三文鱼上绘制出条状纹理，静置待干。

完成

9 待颜料完全干燥后，刷上亮光油，三文鱼寿司的制作就完成了。

玉子烧寿司

扫码观看视频

▷ 所需材料

树脂黏土、超轻黏土、食玩专用烧烤色色粉、亮光油

▷ 所需工具

黏土压板、刷子、刀片、海绵刷、细节剪刀

Sushi

开始制作

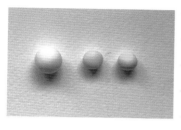

1 取白色超轻黏土、半透明树脂黏土、黄色超轻黏土，分量比例为 2：1： 1。

2 将三种黏土充分混合后搓成球状。

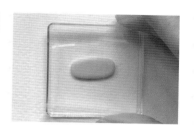

3 将球状黏土搓成椭圆状，压平。

4 用刷子在压平的黏土上按压出凹凸纹理，增添质感。

5 用刀片将黏土切成小长方块，玉子烧寿司塑形完成。

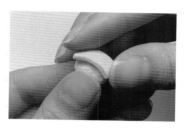

6 另取白色黏土做一个寿司饭团，将玉子烧用白乳胶固定在寿司饭团上。

7 用海绵刷蘸取浅棕色色粉轻刷在玉子烧表面。

8 取半透明树脂黏土与黑色超轻黏土充分揉捏后，搓成球状。

9 用黏土压板将黑色球状黏土搓成细长条后，压成薄片。

10 用刷子在黑色薄片黏土上按压出凹凸纹理，增添质感。

11 用刀片把黑色薄片黏土的四边都切平整。

12 趁黑色黏土未干，将其绕在寿司中部一圈（如黏土已干，没有足够的黏性，可用牙签蘸取白乳胶来黏合）。

完成

13 将多余的黑色黏土用细节剪刀剪掉。

14 刷上亮光油，玉子烧寿司的制作就完成了。

CHEF · Japanese food

炸虾天妇罗

扫码观看视频

▷ 所需材料

树脂黏土、超轻黏土、食玩专用烧烤色色粉、亮光油、水彩颜料

▷ 所需工具

黏土压板、镊子、雕刻刀、细节剪刀、海绵刷、极细毛笔

Tips

制作炸虾天妇罗表面酥脆感的技巧相当实用，还可以将这一技巧运用到其他油炸食物的制作上，区别只是食物的塑形有所不同。

1. 取半透明树脂黏土与黄色超轻黏土充分混合后，搓成淡黄色球状。

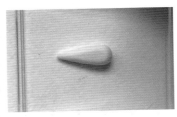

2. 用黏土压板将球状黏土搓成长水滴形状。

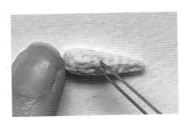

3. 用镊子在黏土表面夹出颗粒状纹理，增添酥脆质感。

4. 用雕刻刀刀尖挑黏土表面颗粒，令颗粒感更细致。

5. 将黏土尖头的那端切平整。

6. 取少量半透明树脂黏土，搓成小水滴状后压平。

7. 用细节剪刀将水滴状黏土一端剪成炸虾尾巴形状，另一端剪平整。

8. 将炸虾尾巴用胶水黏合在步骤5黏土的切口，炸虾塑形完成。

9. 用海绵刷依次蘸取棕黄色色粉、深棕色色粉拍打上色，叠出炸虾酥脆的层次感。

完成

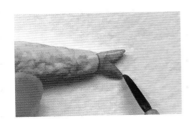

10. 用极细毛笔蘸取朱红色水彩颜料刷在炸虾虾尾，静置待干。

11. 待颜料完全干燥后，刷上亮光油。

12. 炸虾天妇罗的制作就完成了。

章鱼小丸子

🚩 所需材料

树脂黏土、超轻黏土、食玩专用烧烤色色粉、水彩颜料、色粉笔、亮光油、白乳胶

🚩 所需工具

海绵刷、极细毛笔、细节剪刀、细节针、压痕笔

 Tips

在酱汁上添加点缀物时，要在酱汁干燥前操作，这样点缀物才能固定住。

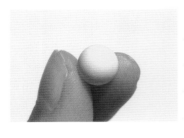

1 取半透明树脂黏土与黄色超轻黏土充分混合后，搓成淡黄色迷你小球。

2 取厨用锡纸揉皱后展开，把小球放在揉皱的锡纸上滚动，增添纹理质感。

3 待黏土完全干燥后，用海绵刷依次蘸取棕黄色色粉、深棕色色粉，给黏土表面轻轻拍打上色，叠出烘烤色的层次感，一颗丸子就做好了。

4 重复以上步骤，制作六颗丸子，并用白乳胶将它们粘在一起，组合成两排。

5 将红棕色水彩颜料与亮光油充分混合，做成酱汁，然后用极细毛笔将酱汁涂刷在丸子上。

6 将白色超轻黏土搓成极细的线条状，借助压痕笔，将白色线条状黏土弯曲成波浪形，粘贴于每颗丸子上，多余的线条用细节剪刀剪掉即可。

7 待黏土完全干燥后，在其表面涂刷一层薄薄的亮光油。

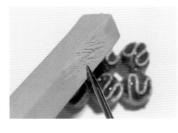

8 用细节针针尖刮绿色色粉笔，刮下的粉末自然地洒落在丸子上。

完成

9 海苔粉章鱼小丸子的制作就完成了。

西式料理

黑椒牛排

扫码观看视频

▷ 所需材料

树脂黏土、超轻黏土、彩色印泥、色粉笔

▷ 所需工具

黏土压板、刀片、极细毛笔、细节针

Tips

盛放黑椒牛排套餐的砧板可以在网上购买，搜索关键词"微缩食玩砧板"，即可选购自己喜欢的款式。牛排底部垫纸可以用烘焙油纸或英文报纸裁剪制作。

1 取半透明树脂黏土与深棕色超轻黏土，分量比例为1 :1。

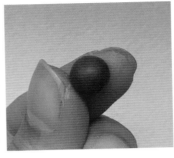

2 将两种黏土充分混合后，搓成球状。

3 用黏土压板将球状黏土压平。

4 用刀片在压平的黏土上按压出网格状纹路，牛排塑形就完成了。

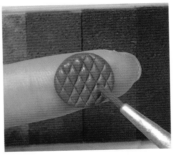

5 用极细毛笔蘸取棕色印泥刷在牛排表面。

完成

6 用细节针针尖刮黑色色粉笔，落下的黑色粉末洒在牛排上，作为黑胡椒粉，再点缀一些自己喜爱的配料，黑椒牛排套餐的制作就完成了。

Steak

美味汉堡

扫码观看视频

⚑ 所需材料

树脂黏土、超轻黏土、食玩专用烧烤色色粉、
亮光油、白乳胶

⚑ 所需工具

黏土压板、细节针、刷子、海绵刷、镊子、
极细毛笔

Tips

在汉堡的制作中，芝麻的制作和组合
有一定难度，本案是先在汉堡表面刷
亮光油，利用亮光油未干时的黏性来
固定芝麻。另外，也可以尝试用牙签
蘸取少量白乳胶点在干燥的汉堡表
面，再贴上芝麻粒，等胶水干透了，
最后刷亮光油。

① 取半透明树脂黏土与黄色超轻黏土充分混合后，分别搓成一大一小的两个球状。

② 用黏土压板将大一点的球状黏土的一面稍稍压平，使其呈半球状。

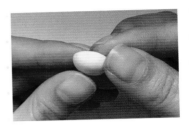

③ 将半球状黏土的边缘捏薄一点。

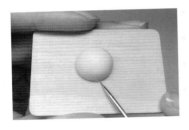

④ 用细节针针尖在黏土边缘戳出凹凸纹理。

⑤ 用刷子在黏土凸起的表面上拍压出粗糙质感，汉堡上盖塑形完成，静置待干。

⑥ 用黏土压板将小一点的球状黏土的一面压平，之后将边缘捏薄一点。

⑦ 用细节针针尖在压平面上沿着边缘戳出凹凸纹理，汉堡底部塑形完成，静置待干。

⑧ 汉堡上盖完全干燥后，用海绵刷依次蘸取棕黄色色粉、深棕色色粉拍打上色，叠出烘烤色的层次感。

⑨ 汉堡底部完全干燥后，用海绵刷依次蘸取棕黄色色粉、深棕色色粉拍打上色，叠出烘烤色的层次感。

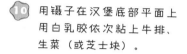

10 用镊子在汉堡底部平面上用白乳胶依次粘上牛排、生菜（或芝士块）。

11 取少量半透明树脂黏土与白色超轻黏土充分混合，搓成球状。

12 将球状黏土一端捏细捏尖，取极少量的黏土。

13 将极少量的黏土搓成迷你小球。将迷你小球捏成迷你水滴状，一粒白芝麻就做好了。

14 制作若干粒白色芝麻，静置待干。

15 用极细毛笔蘸取亮光油刷在上完色的汉堡上盖上。

16 趁亮光油未干，用镊子夹取完全干燥后的芝麻粒，错落地放置在汉堡上盖上面，静置待干。

17 汉堡上盖放上芝麻粒完全干燥后，再刷一层亮光油，静置待干。

完成

18 完全干燥后的汉堡上盖与加了生菜、牛排的汉堡底部组合在一起，美味汉堡的制作就完成了。

香脆薯条

扫码观看视频

▷ 所需材料

树脂黏土、超轻黏土、食玩专用烧烤色色粉

▷ 所需工具

黏土压板、刷子、海绵刷、刀片

Tips

本案中的薯条采用的是先整体上色，后切割成条的方法，还可以先切割，后单独上色，这样颜色会更加均匀、真实，只是需要更多的时间和耐心。

① 取半透明树脂黏土与黄色超轻黏土充分混合后，搓成淡黄色球状

② 用黏土压板将球状黏土搓成条状后压平。

③ 用刷子在压平的黏土上按压出凹凸纹理，增添质感。

④ 用海绵刷蘸取浅棕色色粉刷在黏土表面，正反两面均要刷上。

⑤ 用刀片在黏土的四边切割平整。

⑥ 将黏土切成大小均匀的细条，静置待干。

完成

⑦ 完全干燥后，香脆薯条的制作就完成了。

French Fries

肉桂卷

▷ 所需材料

树脂黏土、超轻黏土、食玩专用烧烤色色粉

▷ 所需工具

刷子、细节针、海绵刷、镊子

Tips

用于填缝的黏土，要足够湿软。

開始制作

1 取半透明树脂黏土与黄色超轻黏土充分混合后，搓成淡黄色条状，压平。

2 左手食指指腹托住黏土底部，右手大拇指和食指捏住黏土的一端往内卷。

3 把黏土卷成平整的卷面。

4 用刷子在卷面轻压，印出粗糙纹理。

5 用细节针加深卷面缝隙，肉桂卷塑形完成。

6 用海绵刷依次蘸取棕黄色色粉、深棕色色粉给肉桂卷拍打上色，叠出烘烤色的层次感。

7 用镊子夹取少量深棕色超轻黏土。

8 将深棕色超轻黏土填在肉桂卷的卷缝中。

完成

9 用深棕色超轻黏土填满卷面上的缝隙，肉桂卷的制作就完成了。

炒饭

Fried Rice

⚑ 所需材料

树脂黏土、超轻黏土、水彩颜料、亮光油

⚑ 所需工具

黏土压板、细节剪刀、镊子、极细毛笔

1 取半透明树脂黏土与白色超轻黏土充分混合后，用黏土压板搓成细条状。

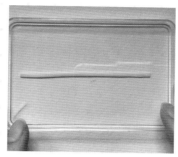

2 用黏土压板将细条状黏土压平，静置待干。

3 完全干燥后，用细节剪刀将黏土斜着剪成米粒状，米粒制作完成。

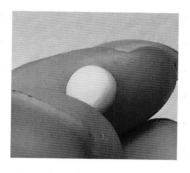

4 取半透明树脂黏土与黄色超轻黏土充分混合后，搓成球状。

5 用黏土压板将球状黏土搓成条状。

6 用手指捏住条状黏土的一端，另一端用镊子往外拉，一点点夹出若干小块，炒鸡蛋制作完成。

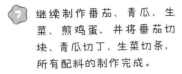
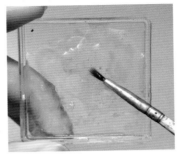

 继续制作番茄、青瓜、生菜、煎鸡蛋,并将番茄切块、青瓜切丁、生菜切条,所有配料的制作完成。

 制作半透明黄色酱汁。

 将米粒、炒鸡蛋、番茄块、青瓜丁倒入酱汁中,用极细毛笔搅拌均匀,炒饭基本完成。

完成

将搅拌好的炒饭盛放到餐盘中(餐盘可留出一部分位置摆放配菜)。

在餐盘另一边放入番茄块、生菜、煎鸡蛋等,使炒饭看起来更丰富、美味。

炒饭的制作就完成了。

饺子

扫码观看视频

▷ 所需材料

树脂黏土、超轻黏土

▷ 所需工具

丸棒、镊子、黏土骨笔

Dumpling

1 取半透明树脂黏土与白色超轻黏土充分混合后，搓成球状。

2 将球状黏土捏成短胖梭形状。

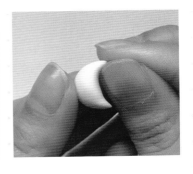

3 将梭形状黏土两段弯曲，捏成短胖月牙状。

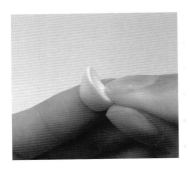

4 将黏土的边缘捏薄一点。

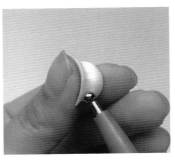

5 用小号丸棒沿着月牙外侧压出一道浅浅的凹痕。

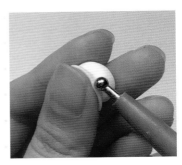

6 继续将黏土边缘压薄。

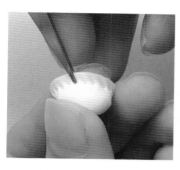

7 用镊子稍微倾斜地夹黏土边缘，夹出一道道短斜压痕。

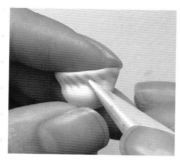

8 用黏土骨笔沿着上一步的压痕继续印压加深并延长压痕。

9 饺子的制作就完成了。

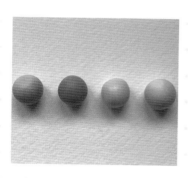

10 取半透明树脂黏土与橘色、紫色、绿色、中黄色超轻黏土混合，调出四种不同颜色的黏土。

11 按之前的步骤，制作四色饺子。

完成

12 四色饺子与半成品黏土组合成的包饺子的模拟场景。

Dumpling

小笼包

扫码观看视频

▷ 所需材料

树脂黏土、超轻黏土

▷ 所需工具

丸棒、镊子、黏土骨笔

Tips

小笼包最好用一个小蒸笼来盛放，网上搜索"微缩食玩蒸笼"，即可找到各种尺寸和款式的蒸笼。可根据蒸笼的尺寸制作相应大小的小笼包，放置固定。

1. 取半透明树脂黏土与白色超轻黏土充分混合后，搓成球状。

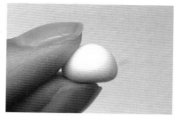

2. 将球状黏土一面压平，捏成半球状。

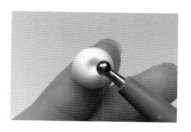

3. 用小号丸棒在半球状黏土顶面中心压出一个小坑。

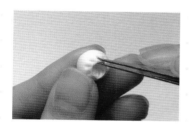

4. 用镊子稍微倾斜地沿着小坑的边缘夹出一道道短斜压痕。

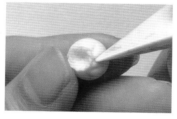

5. 用黏土骨笔沿着上一步的压痕继续印压加深并延长压痕。

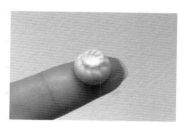

6. 小笼包的制作就完成了。

完成

7. 若干个小笼包与半成品组合成包饺子的模拟场景。

Steamed Dumpling

蜜汁烤鸡

▷ **所需材料**

树脂黏土、超轻黏土、水彩颜料、亮光油

▷ **所需工具**

细节针、极细毛笔、压痕笔

Tips

鸡腿、鸡翅与鸡身的连接处会有接痕，可用压痕笔蘸水反复轻轻涂抹，这样连接处看起来会更自然。

不再重复

1 取半透明树脂黏土与黄色超轻黏土充分混合后，搓成淡黄色椭圆球。

2 用细节针的杆在椭圆球中间压一道压痕，然后将一端捏尖，鸡身成型。

3 将黏土搓成长水滴状，然后从中间弯折，鸡翅（鸡腿）成型。

4 重复以上步骤，制作两个鸡腿、两个鸡翅，大的为鸡腿，小的为鸡翅。

5 将鸡腿和鸡翅组合到鸡身上，烤鸡塑形完成。

6 用极细毛笔蘸取土黄色水彩颜料，给烤鸡整体涂刷上色，然后静置待干。

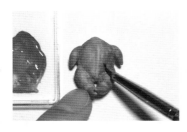

7 待土黄色颜料干燥后，用极细毛笔蘸取红棕色水彩颜料给烤鸡上第二层色，然后静置待干。

8 待红棕色颜料干燥后，用极细毛笔蘸取深棕色水彩颜料加深局部凸起位置，然后静置待干。

完成

9 待深棕色颜料干燥后，用极细毛笔蘸取黑色超轻黏土，轻刷鸡胸中央、鸡腿、鸡翅尖部位，局部上色即可。待黏土干燥后，给烤鸡薄涂上一层亮光油，蜜汁烤鸡的制作就完成了。

葱花卷

▷ 所需材料

超轻黏土

▷ 所需工具

黏土骨笔、细节针

Steamed Bread

1 取白色超轻黏土搓成圆球状。

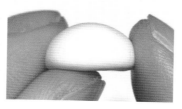

2 将圆球状黏土底部压平，捏成包子状。

3 将包子状黏土两侧向中间轻轻按压，捏成椭圆包子状。

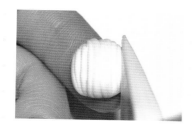

4 用黏土骨笔在椭圆包子状黏土表面压出一道道压痕，花卷塑形完成。

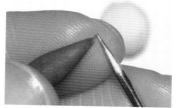

5 取深绿色超轻黏土，用细节针挑出极小一块，作为葱花。

6 将葱花填在花卷的压痕缝隙中。

7 用细节针将葱花参差错落地点缀在花卷上。

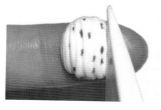

8 用黏土骨笔加深花卷的压痕。

完成

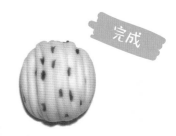

9 葱花卷的制作就完成了。

Part 5

食物装饰篇

装饰所需工具及材料

尖嘴钳

尖嘴钳用来固定金属配件，或开合开口圈。

圆嘴钳

圆嘴钳用来组合金属配件，其作用与尖嘴钳类似。另外，还可以利用圆嘴钳位置绕线圈。

斜嘴钳

斜嘴钳也称剪钳，用来剪断金属线。

胶水

胶水用来黏合五金配件与黏土小物件。

开口圈

开口圈的接口可以打开和闭合，用于连接各部位的五金配件。

羊角钉

羊角钉可插入黏土作品中制作成挂坠，以便与其她五金配件组合成不同配饰。

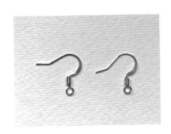

问号勾

问号勾通过开口圈和黏土作品连接，组合成耳饰。

耳钉托

耳钉托可用胶水与黏土作品黏合，组合成耳饰。

戒托

戒托可用胶水与黏土作品黏合，组合成戒指配饰。

胸针托

胸针托又称蝴蝶扣胸针托，可用胶水将其与黏土作品黏合，组合成胸针配饰。

发夹配件

可以利用发夹配件镂空的特性，将黏土作品制作成挂坠，吊挂在发夹上。或者在黏土作品底部涂上胶水，粘在镂空花片上。

金属钥匙扣

金属钥匙扣可以配合开口圈，与用羊角钉制作的挂坠组合成钥匙扣或挂饰。

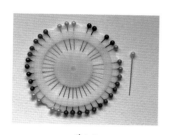

珠针

珠针的针尖部分可用斜嘴钳裁剪后，与黏土作品组合成大头针。

装饰物

装饰物用作组合配饰中的装饰，可以用开口圈组合。

草莓派戒指

▷ 所需材料

草莓派黏土成品、
戒托

▷ 所需工具

胶水

1 在戒托上抹一层胶水后，将其粘贴在草莓派黏土成品的底部，静置待干。

2 待胶水完全干透后，草莓派戒指的制作就完成了。

可丽饼胸针

▷ 所需材料

胸针托、
可丽饼黏土成品

▷ 所需工具

胶水

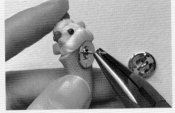

1 在胸针托上抹一层胶水，将其粘贴在可丽饼底部，静置待干。

2 待胶水完全干透后，扣上背扣。

3 可丽饼胸针的制作就完成了。

美味甜点相框

▷ 所需材料

相框、
甜点黏土成品、
照片

▷ 所需工具

胶水、镊子

① 在相框上想要装饰黏土甜点的位置，抹上一点胶水。

② 用镊子夹住做好的黏土甜点成品，并将其一一粘贴在相框上。

③ 搭配一些小道具，装饰相框边框。

④ 选取一些自己喜欢的照片。

⑤ 将选取的照片粘贴在相框中。

⑥ 美味甜点相框的制作就完成了。

牛角包耳环

牛角包黏土成品、
羊角钉、
问号勾

所需工具

尖嘴钳

1 用尖嘴钳夹住羊角钉，旋转着插入牛角包黏土成品顶部，做成牛角包吊坠。

2 用尖嘴钳打开问号勾接口，将牛角包吊坠穿入。

3 闭合问号勾接口。

4 牛角包耳环的制作就完成了。

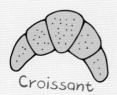

Croissant

苹果派挂饰

羊角钉、
苹果派黏土成品、
开口圈、
叉子配件

所需工具

尖嘴钳

① 用尖嘴钳夹住羊角钉，旋转着插入苹果派黏土成品，做成苹果派吊坠。

② 打开开口圈接口，将苹果派吊坠穿入。

③ 闭合开口圈，将苹果派吊坠挂到金属扣上。

④ 另取一个开口圈，将接口打开，把叉子配件穿入开口圈。

⑤ 闭合开口圈，把叉子配件挂到金属扣上，苹果派挂饰的制作就完成了。

⑥ 可以按自己的喜好搭配各种吊坠，组合成甜美的食玩挂饰。

甜点大头针

1 用斜嘴钳将珠针剪短，留针尖部分。

2 用尖嘴钳夹住珠针针尖一端，在非针尖的一端涂上胶水。

3 在非针尖的一端插入喜爱的甜点，静置待干。

4 待胶水完全干透，甜点大头针的制作就完成了。

5 甜点大头针使用示例（留言板材质为软木板）。

吐司发夹

▷ 所需材料

珍珠吊坠、
金属发夹、
吐司黏土成品

▷ 所需工具

胶水

1 将珍珠吊坠安装在金属发夹的花边上。

2 在金属发夹托片中心抹一点胶水。

3 将吐司黏土成品粘贴在金属发夹托片中心，静置待干。

4 待胶水完全干透后，吐司发夹的制作就完成了。

小笼包耳钉

▷ 所需材料

小笼包黏土成品、
耳钉托

▷ 所需工具

胶水、
尖嘴钳

1 在耳钉托上抹一层胶水，将其粘贴在小笼包黏土成品的底部，静置待干。

2 待胶水完全干透后，小笼包耳钉的制作就完成了。

Part 6

作品展示篇

Brunch all days

Pumpkin

chocolate

Vegetables

Madeleines

Cherry Cake

lemon

Muffin

Lovely Time